FORSCHUNGSBERICHTE DES LANDES NORDRHEIN-WESTFALEN

Nr. 1953

Herausgegeben im Auftrage des Ministerpräsidenten Heinz Kühn
von Staatssekretär Professor Dr. h. c. Dr. E. h. Leo Brandt

Dr. rer. nat. Ulrich Zorll

Forschungsinstitut für Pigmente und Lacke e.V., Stuttgart
Leiter: Prof. Dr. Karl Hamann

Untersuchungen über den Ausgleich von Höhenunterschieden bei flüssigen Anstrichschichten in anwendungstechnisch wichtigen Fällen

Springer Fachmedien Wiesbaden GmbH

ISBN 978-3-663-06525-8 ISBN 978-3-663-07438-0 (eBook)
DOI 10.1007/978-3-663-07438-0

Verlags-Nr. 011953

Ursprünglich erschienen bei Westdeutscher Verlag, Köln und Opladen 1968.

Inhalt

A. Einführung

Obwohl Flüssigkeiten im allgemeinen die Bestrebung zeigen, eine möglichst ebene Oberfläche anzunehmen, können zumindest vorübergehend bei noch flüssigen Anstrichschichten doch gewisse Höhenunterschiede in der Oberfläche auftreten. Die Entstehung dieser Unterschiede ist in der Praxis fast unvermeidbar beim Aufbringen des Anstriches auf seinem Untergrund, gleichgültig welches Verfahren angewandt wird. Bei der Aufbringung mit einem Pinsel oder einer Bürste ist diese Erscheinung allgemein bekannt. Es entstehen dann die oft störenden »Pinselstriche«, die möglichst vollständig verschwinden sollen, solange der Anstrich noch nicht getrocknet ist. Aber auch bei Anstrichschichten, die im Spritzverfahren aufgebracht wurden, ist mit dem Auftreten derartiger Höhenunterschiede zu rechnen, deren Ausgleich ebenfalls erwünscht ist, bevor der Anstrich in den festen Zustand übergeht.

In der Anstrichtechnik bezeichnet man die Fähigkeit der Anstrichschicht zum Ausgleich dieser Höhenunterschiede als »Verlauf« des Anstriches. In diesem Sinne spricht man also von einem guten Verlauf, wenn, was vom Hersteller und Verarbeiter des Anstrichmaterials in gleicher Weise angestrebt wird, die Einebnung des Oberflächenprofils nach Aufbringung des Anstriches schnell und vollständig verläuft. Wenn dieses Ziel nicht erreicht wird, ergeben die nicht verlaufenden Höhenunterschiede eine streifige oder anderweitig strukturierte Oberfläche, die vor allem bei hochglänzenden Anstrichen das äußere Erscheinungsbild wesentlich beeinträchtigen kann. Eine nachträgliche Änderung dieses Zustandes ist, von Schleiflacken abgesehen, nicht möglich.

Es sind daher auch bereits Meßverfahren zur quantitativen Charakterisierung der anwendungstechnisch wichtigen Eigenschaft »Verlauf« vorgeschlagen worden. Diese Verfahren sind jedoch meist empirischer Natur. Bei einem von ihnen [1] wird zunächst eine keilförmige Anstrichschicht hergestellt. In dieser erzeugt man mit Hilfe eines Aushebers einer Furche, die in Richtung der ansteigenden Schichtdicke läuft. Nun ist bereits aus Erfahrung bekannt, daß in dickeren Anstrichschichten der Höhenunterschiedsausgleich besser erfolgt als in dünneren. Daher wird das Zusammenlaufen des Anstrichmaterials, von der Seite der größten Schichtdicke beginnend, nur bis zu einer gewissen Schichtdicke erfolgen. Je größer die Strecke ist, auf der das Zusammenlaufen des Anstriches in der Furche eingetreten ist, als um so besser kann der »Verlauf« desAnstrichmittels angesehen werden. Eine Skala parallel zu der Furche ermöglicht die genaue Bestimmung der Länge der zusammengelaufenen Strecke in der Furche. Eine wesentliche Voraussetzung für diese Charakterisierung ist natürlich die Konstanz des Keilwinkels in der flüssigen Anstrichschicht, die auch bei wiederholten Versuchen gewährleistet sein muß, was jedoch durch geeignete Vorrichtungen erreicht werden kann.

Ein anderes Verfahren [2] beruht auf der definierten Erzeugung von Oberflächenerhebungen in Form von gradlinigen Höhenrücken; mit anderen Worten, die normalerweise zu unregelmäßigen Oberflächenstrukturen führende Auftragung mit dem Pinsel wird durch ein entsprechendes Auftragungsgerät vermieden, so daß gewissermaßen in Form und Größe standardisierte Höhenunterschiede entstehen. Bei diesem Verfahren wird ein Rakel benutzt, der ähnlich wie ein Kamm durch die flüssige Anstrichschicht gezogen wird, die sich auf einer geeigneten Unterlage befindet. Um die Oberflächenerhebungen in definierten Abmessungen zu erhalten, enthält der Rakel an seiner Unterkante insgesamt fünf Paare von rechteckigen Aussparungen, deren Breite jeweils gleich (ca. 1 mm) ist, während die Höhe, vom ersten Paar bei ca. 4 mm ausgehend, bei jedem folgenden Paar auf die Hälfte herabgesetzt ist. Es entstehen somit fünf unterschiedlich hohe Paare von Höhenrücken in der flüssigen Anstrichschicht, die je nach der Verlaufgüte mehr oder weniger stark zusammenlaufen. Das wird beim höchsten Paar am ehesten der Fall sein. Wenn ein guter Verlauf vorliegt, ist auch bei weniger hohen Paaren mit einem Zusammenlaufen zu rechnen. Die Zahl der zusammengelaufenen Paare läßt sich somit leicht bestimmen und liefert den Kennwert für die Verlaufsgüte. Zwischenstufen lassen sich ebenfalls abschätzen und erweitern daher den Bestimmungsbereich.

Für die Praxis des Lackherstellers und -verarbeiters sind diese Methoden gut geeignet, und sie werden dort auch viel benutzt. Zu grundsätzlichen Studien über das Wesen der Erscheinung »Verlauf« kann man sie jedoch weniger anwenden, da die Erfassung von Feinheiten der Oberflächenunebenheiten bei der genannten Kennzeichnung nicht erfolgt. Für diese Zwecke ist es vielmehr notwendig, die Form einer Oberflächenerhebung genau zu bestimmen und ihre Änderung beim Verlaufsvorgang zu verfolgen. Mit anderen Worten ausgedrückt, für grundsätzliche Studien muß das Profil einer flüssigen Anstrichschichtweise während des Ausgleichs der Höhenunterschiede möglichst kontinuierlich verfolgt und gemessen werden.

Hierzu dient eine spezielle, am Forschungsinstitut für Pigmente und Lacke (Stuttgart) entwickelte Apparatur, von der eine ausführliche Beschreibung der Wirkungsweise bereits früher gegeben wurde [3]. Sie gestattet mit Hilfe einer photoelektrischen Abtastung des Profiles der Oberfläche dessen Darstellung auf dem Schirm eines Kathodenstrahloszillographen in vergrößerter und überhöhter Form, so daß dort das Profil laufend beobachtet und seine gewünschte Ausmessung prinzipiell zu jedem beliebigen Zeitpunkt in ausreichender Genauigkeit vorgenommen werden kann.

Mit diesem Gerät konnten nun erstmals einige Probleme des Verlaufes von Anstrichschichten quantitativ untersucht werden, über die bisher auf Grund der oben erwähnten empirischen Meßverfahren nur größenordnungsmäßige Vorstellungen bestanden haben. In der vorliegenden Zusammenstellung wird über die Ergebnisse dieser Untersuchungen berichtet. Im ersten Teil wird die auf Grund theoretischer Vorstellungen vorausgesagte Stärke des Einflusses verschiedener Parameter der Umgebung auf den Verlaufsvorgang experimentell nachgeprüft. Derartige Vorstellungen, die sich im wesentlichen als zutreffend erwiesen haben, eröffnen einen relativ einfachen Weg zur Kennzeichnung des Verlaufes, der für die weiteren Untersuchungen zugrunde gelegt wird. Bei diesen wurde weiterhin der Einfluß von »Verlaufshilfsmitteln« studiert, wie sie in der Praxis vielfach eingesetzt werden. Der Einfluß verschiedener typischer Untergründe auf den Verlauf war das Ziel anderer Untersuchungen. Schließlich ließ sich mit dem benutzten Gerät auch der Vorgang der Aufnahme von zusätzlich in Tropfenform aufgebrachtem Lackmaterial durch Anstrichschichten, die in verschiedenen Trocknungszuständen vorliegen, untersuchen. Eine weitere Anwendungsmöglichkeit der Meßanordnung zur Verfolgung von Runzelbildung in Anstrichschichten wird an einem typischen Beispiel demonstriert.

In allen Fällen ließ sich eine einwandfreie Ausmessung des Profiles vornehmen. Zu diesem Zweck wurde wegen des schnellen Ablaufes der Vorgänge die Profildarstellung auf dem Oszillographenschirm mit Hilfe einer Kamera festgehalten, die eine schnelle Bildfolge gestattet. Neben der bequemen Auswertbarkeit der somit gewonnenen photographischen Aufnahme des Profiles hat man gleichzeitig den Vorteil, die Versuchsergebnisse dokumentarisch festgehalten zu haben.

B. Quantitative Kennzeichnung des »Verlaufs«

Im Prinzip ergeben sich bei der Erscheinung des Verlaufs physikalische Verhältnisse, die sich relativ leicht übersehen lassen. Man ist auf diese Weise in der Lage, die Bedingungen für eine rechnerische Erfassung des Verlaufsvorganges anzugeben und, falls diese Erfassung zu handlichen Beziehungen führt, aus letzteren auch quantitative Maßzahlen für die Verlaufskennzeichnung zu gewinnen.

Zur Festlegung der Bedingungen, unter denen sich der Verlauf abspielt, müssen zuerst die wirksamen Kräfte in Betracht gezogen werden. Zweifellos die wichtigste Kraft, die überhaupt generell einen Ausgleich von Höhenunterschieden in einer Flüssigkeitsoberfläche zunächst einmal in die Wege leitet, wird durch die Oberflächenspannung geliefert. Ihr Einfluß ist durch zwei Komponenten bedingt. Eine Rolle spielt einmal der Oberflächenspannungskoeffizient, der – normalerweise in dyn/cm gemessen – als Materialkonstante anzusehen ist. Zum anderen wirkt sich die Krümmung der Oberfläche aus; hier handelt es sich also um einen rein geometrischen Einfluß. Je stärker die Oberflächenkrümmung ist, desto größer sind die Kräfte, um diese auszugleichen. Dabei ist charakteristisch, daß die auf das Material wirkende Zugkraft stets in Richtung auf den Krümmungsmittelpunkt wirkt. Erhebungen in der Flüssigkeitsoberfläche werden also nach unten gedrückt, Vertiefungen dagegen angehoben.

Als weitere Kraft, die einen Ausgleich der Höhenunterschiede anstrebt, ist die Schwerkraft zu nennen. Ihre Wirksamkeit beruht etwa auf der gleichen Weise, wie in kommunizierenden Röhren ein Niveauausgleich der Flüssigkeit erfolgt. Der von diesen beiden Kräften eingeleitete und aufrechterhaltene Bewegungsvorgang wird nun in der Geschwindigkeit seines Ablaufes behindert durch die in dem viskosen Anstrichmaterial bei Bewegungsvorgängen auftretenden Reibungskräfte. Wenn das Anstrichmaterial ein einfaches viskoses Verhalten zeigt (Newtonsche Flüssigkeit), kann die Reibungskraft unter Einführung einer einzigen Materialkonstanten, des Viskositätskoeffizienten, quantitativ berücksichtigt werden. Auf die Erweiterung auf nicht-Newtonsches Verhalten in einem Fall, der praktisch eine wesentliche Rolle spielt, wird weiter unten eingegangen.

Neben der Betrachtung des Kräfteeinflusses müssen noch die Bedingungen berücksichtigt werden, denen die Grenzflächen der flüssigen Anstrichschicht unterliegen. Auf die an Luft grenzende freie Oberfläche wirkt, wie gesagt, nur die von der Oberflächenspannung herrührende Kraft und dies auch nur an den gekrümmten Partien. Im übrigen ist die Oberfläche frei von Kräften, da sich der Einfachheit halber der Verlaufsvorgang ohne zusätzlichen mechanischen Einfluß der darüber befindlichen Luft, wie er etwa bei einer Luftströmung auftreten würde, abspielen soll.

An der zweiten Grenzfläche, der Trennungsfläche Anstrichschicht/Untergrund, muß die Strömungsgeschwindigkeit Null herrschen. Diese Forderung ist leicht einzusehen, da die Strömungsgeschwindigkeit durch die Reibung der viskosen Flüssigkeit an der Oberfläche des unbeweglichen und undeformierbaren Untergrundes bestimmt wird. Eine endliche Geschwindigkeit würde das Auftreten unendlich großer Reibungskräfte zur Folge haben. Erst mit zunehmendem Abstand von der Grenzfläche Anstrich/Untergrund kann sich eine gewisse Strömungsgeschwindigkeit im flüssigen Anstrichfilm beim Verlauf ausbilden.

Unter Berücksichtigung dieser Gegebenheiten ist schon verschiedentlich versucht worden, quantitative Beziehungen für den Verkaufsvorgang anzugeben. Die für praktische Zwecke wohl günstigste Form, die im folgenden kurz behandelt wird, ist von Fink-Jensen [4] vorgeschlagen worden.

In Abb. 1a* ist schematisch eine Oberfläche mit einem simsförmigen Profil dargestellt, für die die Berechnung des Profilausgleichs relativ leicht durchführbar ist. Die gestrichelten Pfeile geben die Richtungen des Materialabflusses an. Die maßgebenden geometrischen Größen sind in der Abb. 1a zu finden. Für die Änderung der Größe h im Laufe der Zeit t ergibt sich die folgende Differentialgleichung:

$$\frac{\partial h}{\partial t} = \frac{h_0^3}{3\eta} \frac{\partial^2 p}{\partial x^2} \tag{1}$$

Dabei ist η der Viskositätskoeffizient und p die Oberflächenspannung. Diese ergibt sich, wie oben erwähnt, aus Oberflächenspannungskoeffizient σ und Oberflächenkrümmung $(\partial^2 h/\partial x^2)$ zu:

$$p = \sigma \cdot \frac{\partial^2 h}{\partial x^2} \tag{2}$$

Durch Einsetzen von Gleichung (2) in (1) erhält man als Differentialgleichung für die örtlich und zeitlich veränderliche Dicke der Anstrichschicht:

$$\frac{\partial h}{\partial t} = \frac{\sigma \cdot h_0^3}{3\eta} \cdot \frac{\partial^4 h}{\partial x^4} \tag{3}$$

Dieser Gleichung genügt offenbar der folgende Ansatz für h, der sich in Anlehnung an Abb. 1a ergibt:

$$h = h_0 + A \cdot \cos(2\pi x/\lambda) \cdot \exp(-t/\tau) \tag{4}$$

wobei A der halbe maximale Höhenunterschied der Oberflächenerhebungen und Vertiefungen zum Zeitpunkt $t = 0$ ist.

Die Ausführung der Differentiationen nach x und t, die in Gleichung (3) erforderlich sind, führt schließlich zur Bestimmung der Konstanten τ in (4), die sich in folgender Weise ergibt:

$$\tau = \frac{3}{16\pi^4} \cdot \frac{\eta}{\sigma} \frac{\lambda^4}{h_0^3} \tag{5}$$

Ihrem Charakter nach stellt die Größe τ eine »Zeitkonstante« für den exponentiellen Abfall des Höhenunterschiedes dar. Sie läßt deutlich erkennen, wie sich die einzelnen Parameter auf die Schnelligkeit des Verlaufes auswirken. Als Materialkonstanten zeigen Oberflächenspannungskoeffizient σ und Viskositätskoeffizient η nur eine lineare Auswirkung. Ihre Einflüsse sind einander entgegengesetzt; eine große Oberflächenspannung begünstigt den Verlauf, eine große Viskosität behindert ihn jedoch.

Bei der Größe h_0, die praktisch die Naßschichtdicke repräsentiert, liegt ein Einfluß in der 3. Potenz vor. Bei der »Wellenlänge« λ, die etwa der Breite eines Höhenrückens – oder, in die Praxis übertragen, eines » Pinselstriches« – entspricht, tritt sogar eine Einwirkung nach der 4. Potenz ein. Damit findet sich auch von der Theorie her eine Bestätigung für die in der Praxis beobachtete Tatsache, daß es neben den eben genannten Materialkonstanten vor allem die geometrischen Parameter sind, die den Ausgleich der Höhenunterschiede in flüssigen Anstrichschichten bestimmen. Dieser Befund hat eine weitreichende Bedeutung. Es ist nämlich nicht ohne weiteres möglich, den »Verlauf« schlechthin als reine Materialeigenschaft zu bezeichnen. Die Bedingungen der Appli-

* Die Abbildungen stehen im Anhang ab Seite 24.

kation des Anstriches, die schließlich zu einer gewissen Naßschichtdicke und Pinselstrichbreite führen, sind bei der Beurteilung des Verlaufs ebenso zu berücksichtigen wie die Materialkonstanten Viskositäts- und Oberflächenspannungskoeffizient.

Für einen exponentiellen Abfall einer Meßgröße mit der Zeit, wie es hier der Fall ist, ist typisch, daß der Anfall praktisch durch eine einzige Meßzahl, die oben erwähnte Zeitkonstante, bestimmt wird. Sie legt die Zeitspanne fest, in der die Höhendifferenz von einem beliebig gewählten Ausgangswert bis auf $1/e$, d. h. etwa 37% dieses Wertes abgeklungen ist. Die Größe liefert also einerseits eine qualitative Angabe über die Schnelligkeit, mit der der Verlaufsvorgang sich abspielt, sie ist andererseits aber auch gut als Vergleichsmaßzahl für den Verlauf verschiedener Stoffe geeignet.

Die Gleichung (5) bietet nun die Möglichkeit, diese Zeitkonstante aus den maßgebenden geometrischen Größen und Materialkonstanten vorauszuberechnen, so daß diese Werte mit experimentell bestimmten verglichen werden können. Auf diese Weise kann die Anwendbarkeit der theoretischen Vorstellungen gut nachgeprüft werden. Dieser Vergleich kann natürlich im wesentlichen nur qualitativ sein, denn bei der Ableitung der Theorie war von einem sinusförmigen Profil ausgegangen worden, das in der Praxis in reiner Form kaum anzutreffen sein wird und auch bei der vorliegenden Verlaufsprüfvorrichtung nicht gegeben ist. Hier hat man es nach Abb. 1b vielmehr mit einer oder zwei abgerundeten Erhebungen zu tun, deren Breite noch dazu während des Verlaufsvorganges zunimmt, während die Wellenlänge beim sinusförmigen Profil beim Höhenunterschieds-Ausgleich konstant bleibt. Um zu einer Anwendung der Gleichung (5) auch für ein nicht sinusförmiges Profil zu kommen, wurde deshalb bei entsprechenden praktischen Versuchen für die Breite B der Erhebung der Mittelwert dieser Größe in der betrachteten Zeitspanne genommen und an Stelle der Wellenlänge λ in Gleichung (5) eingesetzt. Auch die mittlere Höhe h_0 beim sinusförmigen Profil und die Naßschichtdicke D bei der Einzelerhebung seitlich von dieser entsprechen sich nicht ganz; die letztere wurde jedoch der Einfachheit halber an Stelle von h_0 bei der Berechnung der Zeitkonstanten nach Gleichung (5) berücksichtigt.

An drei Anstrichmaterialien unterschiedlicher Viskosität wurde der eben beschriebene Vergleich der Messung und Berechnung von Zeitkonstanten durchgeführt. Die Materialien zeigten Newtonsches Verhalten, die Viskositätskoeffizienten wurden mit dem Agfa-Rotationsviskosimeter bestimmt. Der Oberflächenspannungskoeffizient betrug bei allen drei Materialien 35 dyn/cm; seine Bestimmung erfolgte im Oberflächenspannungsmeßgerät nach du Nouy. Die Naßschichtdicke wurde bei dem Vergleich auf zwei relativ extreme Werte eingestellt, um den Einfluß dieser Größe in möglichst weitem Umfang zu erfassen. In der Anstrichschicht wurde eine einzige Erhebung mit Hilfe eines Rakels erzeugt, dessen Fenster eine Höhe von 1,6 mm hatte, während für die Breite b zwei verschiedene Werte gewählt waren.

Das Ergebnis des Vergleiches zeigt die Tab. 1. Eine Gegenüberstellung der theoretischen und experimentellen Zahlenwerte läßt erkennen, daß die ersteren meist nur um den Faktor 2 bis 3 größer sind; die Größenordnung der Zeitkonstanten des Profilausgleiches wird also von der Theorie im wesentlichen richtig angegeben. Eine weitergehende Übereinstimmung war wohl wegen der Unterschiede der für die Berechnung und Messung zugrunde gelegten Profile nicht zu erwarten. Eine stärkere Abweichung tritt nur bei geringer Schichtdicke und großer Breite des Höhenrückens auf, wo der Profilausgleich erheblich schneller erfolgt, als von der Theorie vorausgesagt wird.

Hier liegt es nahe, einen zusätzlichen Einfluß der in der bisherigen Ableitung noch nicht berücksichtigten Schwerkraft auf den Ausgleichsvorgang anzunehmen. In einer von Lamb [5] für das Abklingen von Oberflächenwellen auf Flüssigkeiten entwickelten Theorie wird auch diesem Einfluß Rechnung getragen. Die für den Profilausgleich unter kombinierter Einwirkung von Oberflächenspannung und Schwerkraft typische Kraft pro Volumeneinheit K ergibt sich zu:

$$K = \varrho g + \frac{4\pi^2\sigma}{\lambda^2} \tag{6}$$

Dabei ist ϱ die Dichte des Materials und g die Erdbeschleunigung. Je kleiner die Wellenlänge λ ist, desto stärker wirkt sich der zweite Summand, der den Einfluß der Oberflächenspannung zeigt, aus. Eine Abschätzung zeigt die Größenordnungen, um die es hier geht. Beide Summanden sind etwa gleich für $\lambda = 8$ mm, wenn man für σ wieder 35 dyn/cm und für die Dichte den plausiblen Wert 2 g/cm³ einsetzt. Die für die Tab. 1 benutzten Werte für λ liegen noch wesentlich unter dem eben aufgeführten Wert, so daß im wesentlichen die Beschränkung auf den Einfluß nur der Oberflächenspannung und die Nichtberücksichtigung der Schwerkraft als gerechtfertigt gelten können. Immerhin zeigt diese Abschätzung aber, daß die Schwerkraft doch keine völlig zu vernachlässigende Rolle beim Profilausgleich spielt und, falls man sie berücksichtigen würde, sich auf jeden Fall kleinere theoretische Zeitkonstanten, besonders in der letzten Spalte von Tab. 1 ergeben würden, wodurch eine bessere Übereinstimmung von Berechnung und Messung erzielbar wäre.

Tab. 1 Zeitkonstanten des Profilausgleiches in Sekunden

Viskositätskoeffizient (Poise)	$D = 400\ \mu$, $b = 0{,}5$ mm		$D = 400\ \mu$, $b = 2$ mm		$D = 100\ \mu$, $b = 0{,}5$ mm		$D = 100\ \mu$, $b = 2$ mm	
	gemessen	berechnet	gemessen	berechnet	gemessen	berechnet	gemessen	berechnet
30	9,7	23,2	14,3	43,4	69,5	116	69,5	622
60	10,3	23,2	21,2	47,7	92,5	114	89,7	752
100	11,8	20,2	23,3	46,3	85,3	101	98,4	1080

Im ganzen gesehen stellt also die Darstellung des Profilausgleiches durch eine exponentiell abklingende Funktion ein brauchbares Konzept für die Praxis dar, so daß die Kennzeichnung des Vorganges durch die Zeitkonstante als durchführbar erscheint. Dieser Befund ist um so bemerkenswerter wegen des Auftretens der höheren Potenzen von Schichtdicke des Anstrichfilms und Breite der Erhebungen in dem Ausdruck für die Zeitkonstante, wodurch sich stärkere Abweichungen von den theoretischen Vorstellungen relativ leicht bemerkbar machen würden, wenn die gemachten Voraussetzungen nicht zuträfen. Die gleichen Potenzen sind im übrigen auch in einer anderen Theorie zu finden, für deren Ableitung jedoch etwas weniger plausible Vernachlässigungen getroffen worden sind [6].

Es sei noch bemerkt, daß eine wichtige Voraussetzung für die Anwendbarkeit der hier benutzten theoretischen Vorstellungen im Newtonschen Verhalten des Anstrichs zu sehen ist. Demnach sollte der Profilausgleich, wenn auch zunehmend langsamer, bis zum völligen Verschwinden der Höhenunterschiede gehen. Nun hat fast jedes Anstrichmaterial, vor allem im pigmentierten Zustand eine Fließgrenze, d. h. eine Scherspannung bestimmter Größe, die im Material erst überschritten werden muß, bevor überhaupt ein Fließen einsetzen kann. Andererseits kommt die Bewegung dort zum Stehen, wo die im Material auftretenden Scherspannungen während eines beliebigen Bewegungsvorganges kleiner als die Fließgrenze werden. Dieser Zustand kann, wie

Smith, Orchard und Rhind-Tutt [7] zeigen konnten, auch beim Profilausgleich eintreten, und es lassen sich Werte für die restlichen Höhenunterschiede angeben, deren Ausgleich nicht mehr möglich ist.

Eine weitere Komplikation, die auch von Fink-Jensen [4] bereits qualitativ behandelt wurde, trägt dem Umstand Rechnung, daß die meisten Anstrichmittel noch Anteile mehr oder weniger schnell flüchtiger Lösungsmittel enthalten. Diese verdunsten natürlich zum Teil während des Profilausgleichsvorganges. Die Viskosität des Anstrichmaterials wird sicher erhöht durch diesen Vorgang, aber auch die Oberflächenspannung kann sich dadurch ändern. Schließlich ist auch, wie früher gezeigt wurde [3], mit einem oberflächlichen Antrocknen des Anstriches zu rechnen, wodurch die Verhältnisse noch komplizierter werden. Alle diese Erscheinungen wirken sich im wesentlichen aber mehr auf den erreichten Endzustand des Profilausgleichs aus, für den also eine rein empirische Kennzeichnung durch Angabe des restlichen Höhenunterschiedes, etwa bezogen auf den Ausgangswert, zur Zeit wohl noch der beste Weg ist.

Von diesen möglichen Komplikationen abgesehen kann die Schnelligkeit des Verlaufs während des größten Teils des Vorganges aber durch die Zeitkonstante angegeben werden. Etwas stärkere Abweichungen vom rein exponentiellem Ausgleich des Profils lassen sich dann durch zwei aufeinanderfolgend ermittelte Zeitkonstanten charakterisieren, zwischen denen gegebenenfalls noch gemittelt werden kann. Von diesen Erweiterungsmöglichkeiten ist bei den nachfolgend berichteten Ergebnissen, soweit erforderlich, Gebrauch gemacht worden.

Der große Vorzug der Zeitkonstanten ist aber, das sei abschließend noch einmal betont, daß sie – in Sekunden angegeben – eine Vorstellung von der Größenordnung der Zeitspannen lieferten, in der sich der wesentlichste Teil des Profilausgleiches abspielt.

C. Auswirkung von Verlaufshilfsmitteln

Bei einer nach allgemeinen praktischen Gesichtspunkten zusammengestellten Rezeptur eines Anstrichmittels wird normalerweise nicht von vornherein die optimale Güte des Verlaufes erzielt. Deshalb setzt man dem Lack oft noch gewisse Hilfsmittel zu, die diese Eigenschaft verbessern sollen. Die Wirksamkeit derartiger Verlaufshilfsmittel kann unterschiedlich sein. Die sicherlich günstigste Beeinflussung erfolgt durch Zusätze, die die Oberflächenspannung des flüssigen Anstrichmaterials heraufsetzen. Damit wird im Prinzip diejenige Kraft vergrößert, auf deren Einwirkung in erster Linie der Profilausgleich beruht. Der Nutzen dieser Beeinflussung wird jedoch dadurch etwas beeinträchtigt, daß sich die Größenordnung der Oberflächenspannung durch derartige Zusätze praktisch nicht verändern läßt. Die Oberflächenspannungen von organischen Flüssigkeiten liegen etwa in dem Bereich von 30 bis 60 dyn/cm und sind sich damit verhältnismäßig ähnlich. Mehr als eine Verdoppelung der Oberflächenspannung wird sich normalerweise nicht erzielen lassen; das bedeutet nach Gleichung (5) etwa eine Halbierung der Zeitkonstanten.

Eine weitere Beeinflussung besteht in der Verzögerung der Verdunstung des Lösungsmittels. Auf diese Weise wird der Anstrich länger in einem flüssigen Zustand gehalten, so daß unter Einwirkung der Oberflächenspannungskräfte der Profilausgleich ohne merkliche Störung durch eine Viskositätserhöhung, die auf Grund der Lösungsmittelverdunstung sonst unvermeidlich wäre, erfolgen kann. In diesem Zusammenhang sind als relativ günstig auch solche Zusätze anzusehen, die dem Anstrichmaterial eine gewisse Thixotropie verleihen. Der Thixotropiegrad sollte so abgestimmt sein, daß der bei der Auftragung des Anstriches durch die dabei auftretenden starken Scherkräfte entstandene Solzustand des Lackes auch im Ruhezustand noch über die Zeitspanne, in der sich die Verlaufsvorgänge normalerweise abspielen, erhalten bleibt, bevor er in den Gelzustand übergeht und damit jede Bewegung im Anstrichfilm ausgeschaltet wird. Die bei bisherigen Untersuchungen gemessenen Werte für die Zeitspannen, in denen der Verlauf erfolgt, zeigen, daß sich dieser Vorgang oft innerhalb von größenordnungsmäßig einer Minute abspielt. Es gibt jedoch auch Anstrichmaterialien, bei denen bis zum endgültigen Profilausgleich mehrere Minuten vergehen, wenn dieser Zustand überhaupt erreicht wird.

Andere Effekte, die durch Verlaufshilfsmittel hervorgerufen werden können und die auf eine Aufhebung der Fließgrenze oder eine Herabsetzung der Viskosität hinzielen, sind nicht unbedingt als günstig anzusehen. Es ist nämlich zu beachten, daß der Verlauf einer Anstrichschicht stets im Zusammenhang zu sehen ist mit einer anderen rheologischen Eigenschaft, der des »Ablaufens« des Anstriches an einem senkrecht stehenden Untergrund, die zu der höchst unerwünschten »Gardinen- oder Läuferbildung« führt. Ein guter Verlauf wäre an sich beim Fehlen einer Fließgrenze und niedriger Viskosität zu erwarten; mit einer stärkeren Ablaufneigung müßte in diesem Fall aber auch gerechnet werden. Die Ablaufneigung eines Anstriches wird jedoch reduziert, wenn Fließgrenze und Viskosität nicht zu geringe Werte haben. Sofern es sich dagegen nur um die Betrachtung des Verlaufes an einer ausschließlich horizontalen, mit dem Anstrich versehenen Fläche handelt, sind die verlaufsfördernden Hilfsmittel dieser Art von Vorteil, denn mit einem Ablaufen des Anstriches ist in diesem Falle nicht zu rechnen. Über die spezielle Wirksamkeit eines Verlaufshilfsmittels kann jedoch im allgemeinen keine direkte Aussage gemacht werden. Es handelt sich dabei meist um auf empirischem Wege gefundene Substanzen. Es ist auch keinesfalls damit zu rechnen, daß ein Verlaufshilfsmittel sich bei jedem System gleich gut bewährt. Eine gewisse Abstimmung des Verlaufshilfsmittels zu den übrigen Bestandteilen des flüssigen Anstrichmittels muß vorhanden sein, die bei den üblichen Verlaufszusätzen von Fall zu Fall zu kontrollieren ist.

Die folgenden Untersuchungsergebnisse sollen Beispiele dafür liefern, wie stark unterschiedlich sich gängige Verlaufshilfsmittel auswirken können. Die Ergebnisse sind an einem typischen Anstrichsystem gewonnen worden. Als Bindemittel diente in dem Anstrichsystem ein Alkydharz; das Pigment bestand aus TiO_2 (Rutil) in einer Pigmentvolumenkonzentration von ca. 16%. In diesem System wurde ein Lösungsmittelgemisch aus Xylol und Testbenzin benutzt. Außerdem enthielt das System in Anlehnung an die praktischen Erfordernisse noch einige Trockenstoffe.

Diesem Anstrichmittel wurden insgesamt sieben verschiedene, als verlaufsverbessernd angesehene Zusätze zugegeben. In Tab. 2 sind diese Substanzen im einzelnen aufgeführt. Die chemische Struktur dieser Zusätze ist unterschiedlich, was als Erklärung für ihre ebenfalls stärker variierende Wirksamkeit dienen kann. Eine weitere Beeinflussung des Verlaufes ließ sich auch durch einen Zusatz von Zinkoxid erreichen. Dieses aktive Pigment beeinflußt normalerweise vor allem die Trocknungseigenschaften des Anstrichmittels auf dem Wege der Metallseifenbildung.

In Abb. 2 ist schematisch dargestellt, welche Meßgrößen bei dieser Versuchsreihe bestimmt wurden. Durch Verwendung von zwei Fenstern von je 1,0 mm Breite und 1,6 mm Höhe mit einem Mittenabstand von 3,0 mm ergaben sich zwei gleich große Höhenrücken. Die Naßschichtdicke D betrug durchweg 100 μ. Die Messungen erfolgten bei 20°C. Als Maßzahl für den Ausgleich des Oberflächenprofiles wurde die

Tab. 2 Untersuchte Verlaufszusätze

Bezeichnung	Chemische Struktur
Äthylglykol	$C_2H_5 \cdot O \cdot CH_2 \cdot CH_2 \cdot OH$
Borsäuretriäthylester	$B(O \cdot C_2H_5)_3$
Dipenten	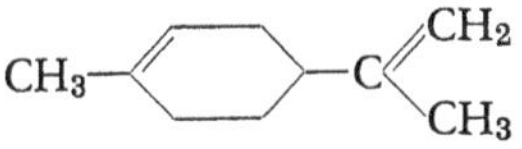 CH_3—(Cyclohexenring)—C(=CH_2)—CH_3
Methoxybutylacetat	$CH_3 \cdot COO \cdot CH_2 \cdot CH_2 \cdot CH(OCH_3) \cdot CH_3$
Kristallöl 60	Kohlenwasserstoff-Gemisch
Terpentinöl	Kohlenwasserstoff-Gemisch
Siliconöl	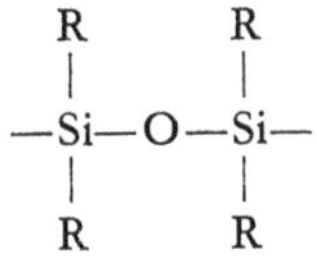 —Si(R)(R)—O—Si(R)(R)—

Tiefe H_t der Talsohle zwischen den zwei Höhenrücken in ihrer zeitlichen Änderung verfolgt. Die erste Messung erfolgte zum Zeitpunkt 0,4 sec nach Erzeugung des Oberflächenprofiles. Um auf relative Aussagen zu kommen, wurden alle Werte für H_t auf diesen Anfangswert bezogen. In den folgenden Diagrammen, die auch zur Berechnung der Zeitkonstanten dienten, ist deshalb die Größe $H_{rel} = H_t/H_{0,4}$ in Abhängigkeit von der Zeit t aufgetragen.

Der Ausgleich des Oberflächenprofiles bei dem Anstrichmittel ohne jede verlaufsbeeinflussende Zusätze ist als eine der beiden Kurven in Abb. 3 dargestellt. Der Profilausgleich erfolgt verhältnismäßig rasch; nach einer Zeitspanne von etwa 3 sec ist der Höhenunterschied auf wenige Prozent des Ausgangswertes abgesunken. Dieses Diagramm läßt gleichzeitig auch die Einwirkung des Zusatzes von Zinkoxid erkennen. Der Profilausgleich wird deutlich beschleunigt vor allem im Bereich der Zeitspanne bis zu etwa 2 sec. Der weitere Gang der beiden Kurven deutet jedoch darauf hin, daß für beide der gleiche Endzustand erreicht wird. Offensichlich beeinflußt Zinkoxid in diesem Falle nur die Schnelligkeit des Verlaufs, nicht dagegen dessen Endzustand. Der Charakter des Ausgleichsvorganges wird durch diesen Zusatz ebenfalls nicht wesentlich beeinflußt, wie die Ähnlichkeit der beiden Kurven erkennen läßt.

Andere Verlaufszusätze lassen jedoch den Charakter des Ausgleichsvorganges keinesfalls ungeändert, wie die Abb. 4 erkennen läßt, in der neben der Kurve für den Ausgleichsvorgang des Materials ohne Zusätze die entsprechenden Kurven für drei typische Verlaufszusätze aus Tab. 2 eingezeichnet sind. Man erkennt deutlich, welchen Einfluß diese Zusätze auf den Ausgleichsvorgang haben. Der Profilausgleich läuft wesentlich schneller ab, wenn Siliconöl als Zusatz dem Material beigefügt wird. Wie das Diagramm erkennen läßt, genügt ein Zeitraum von etwa 2 sec fast vollständig für den Profilausgleich. Die Schnelligkeit des Profilausgleiches in den Zeiträumen unmittelbar nach Erzeugung des Profiles ist sehr wesentlich, da während dieser Zeit der Anstrich sicher noch seine ursprüngliche niedrige Viskosität hat, die dann erst durch eine Lösungsmittelabgabe nach und nach vergrößert werden kann, wodurch der Profilausgleich behindert wird. Es ist in jedem Falle als günstig anzusehen, wenn der größte Teil des Profilausgleiches noch in diesem Zustand der niedrigen Viskosität erfolgt.

In wesentlich geringerem Ausmaß als das Siliconöl, jedoch ebenfalls verlaufsverbessernd, wirkt Borsäuretriäthylester als Zusatz. Im ganzen scheint der Verlaufsvorgang hier etwas anders beeinflußt worden zu sein. Einem nicht so schnellen Profilausgleich während des Zeitraumes unmittelbar nach der Profilerzeugung steht eine noch merkliche Profilverminderung für den Zeitraum nach etwa 2 sec gegenüber. Der Endzustand wird aber offenbar zu nahe beieinanderliegenden Zeitpunkten erreicht.

Eine ungünstige Beeinflussung des Verlaufes wird durch den Zusatz von Dipenten erreicht. Hier erfolgt der Profilausgleich nicht nur im ganzen langsamer, sondern auch der erreichte Endzustand besteht offenbar nicht in einem vollständigen Ausgleich des Oberflächenprofiles. Typisch für die Wirksamkeit dieses Verlaufszusatzes ist auch qualitativ der andere Charakter des Ausgleichsvorganges. Gerade im Zeitraum unmittelbar nach Erzeugung des Profiles erfolgt der Ausgleich verhältnismäßig langsam, um dann lediglich zwischen 0,8 und 1,5 sec etwas zuzunehmen. Danach tritt wieder eine Verlangsamung des Vorganges ein.

In quantitativer Weise läßt sich diese Erscheinung erfassen, indem die Zeitkonstanten des Profilausgleiches zu zwei verschiedenen Zeitpunkten bestimmt werden. In der Tab. 3 sind die Zeitkonstanten, die für die einzelnen Verlaufszusätze bestimmt wurden, im einzelnen aufgeführt. Die Zeitkonstante τ_1 bezieht sich auf den Profilausgleich vom Anfangswert bis auf etwa 37% dieses Wertes, die Zeitkonstante τ_2 entspricht etwa dem Ausgleich von 37% bis auf 13% des Anfangswertes. Die Tab. 3 läßt zunächst erkennen, daß fast alle Zusätze gegenüber dem unbeeinflußten Material eine Verkleinerung der Zeitkonstanten bewirken, d. h. den Verlauf verbessern. Nur im Falle des bereits erwähnten Dipenten ergibt sich eine Vergrößerung der Zeitkonstanten und damit eine Verschlechterung des Verlaufes. Das Siliconöl erweist sich nach dieser Tabelle als das wirksamste der hier benutzten Verlaufshilfsmittel.

Tab. 3 Zeitkonstanten des Profilausgleiches bei Zugabe von Verlaufshilfsmitteln
System: Alkydharz/TiO_2

Zusatz	τ_1 (sec)	τ_2 (sec)	$\bar{\tau}$ (sec)	$\frac{\tau_2 - \tau_1}{\bar{\tau}}$ (%)
Siliconöl	0,72	0,56	0,64	— 25
Athylglykol	0,92	0,83	0,88	— 10
Borsäuretriäthylester	1,04	0,88	0,96	— 17
Terpentinöl	0,96	0,99	0,98	+ 3
Methoxybutylacetat	0,99	0,98	0,98	— 1
Kristallöl 60	1,02	1,03	1,02	+ 1
-	1,16	1,04	1,10	— 11
Dipenten	1,21	1,09	1,15	— 10

Die Abweichungen der beiden nacheinander bestimmten Zeitkonstanten τ_1 und τ_2 sind in Prozenten in der letzten Spalte der Tabelle angegeben, sie sind für die in der Mitte der Tabelle stehenden Verlaufszusätze relativ gering. Dieser Befund kann als gute Bestätigung für die ursprüngliche Annahme eines exponentiellen Ausgleiches des Profiles angesehen werden. Stärkere Abweichungen von diesem exponentiellen Verhalten sind auffallender Weise bei den Zusätzen mit relativ kleinen und der größten Zeitkonstanten und beim Anstrichmittel ohne Zusatz festzustellen. Meist sind die zweiten Zeitkonstanten kleiner als die ersten, was auf einen günstigen Ablauf des Verlaufsvorganges gegen Ende des Profilausgleiches hindeutet.

Insgesamt gesehen sind jedoch alle in der Tabelle aufgeführten Abweichungen vom exponentiellen Verhalten, wie sich aus den dargestellten Kurven auch schon qualitativ entnehmen läßt, nur relativ gering. Die durch die Verlaufszusätze entstandenen Änderungen der Zeitkonstanten sind wesentlich größer. So unterscheiden sich die kleinste und die größte gemessene Zeitkonstante um den Faktor 2,2, was wesentlich mehr ist als die beobachteten Abweichungen bei ein und demselben System von größenordnungsmäßig nur 10–20%.

Die in Tab. 3 aufgeführten Anstriche mit und ohne Zusatz von Verlaufshilfsmitteln wurden weiterhin in dem Falle untersucht, wo ihnen außerdem noch ein Zusatz von Zinkoxid beigegeben wurde. Durch diesen Zusatz werden die Verlaufseigenschaften in typischer Weise beeinflußt, wie das Block-Diagramm der Abb. 5 zeigt. Die Länge der Säulen in diesem Schema geben die mittleren Zeitkonstanten mit und ohne Zusatz von Zinkoxid an. Allgemein kann gesagt werden, daß der Zusatz von Zinkoxid offensichtlich eine gewisse Nivellierung der Verlaufseigenschaften hervorruft. So wird z. B. beim Siliconöl die Zeitkonstante wesentlich heraufgesetzt, d. h., der Verlauf verschlechtert sich, während umgekehrt bei dem ursprünglich den Verlauf verschlechternden Zusatz Dipenten durch zusätzliche Einwirkung des Zinkoxides offenbar der Verlauf etwas verbessert wird, da die Zeitkonstante deutlich kleiner geworden ist. Ganz ausgeprägt ist dieser Effekt auch bei dem Anstrich ohne jeden Verlaufszusatz festzustellen, wie auch bereits das Diagramm in Abb. 3 zeigte. Eine wesentliche Verbesserung des Verlaufes durch den Zusatz von Zinkoxid ist auch im Zusammenhang mit den Verlaufszusätzen Borsäuretriäthylester, Terpentinöl und Kristallöl 60 festzustellen.

Wenn man im Zusammenhang mit der Wirksamkeit der Verlaufszusätze deren chemische Struktur betrachtet (Tab. 2), so fällt auf, daß Dipenten als diejenige Verbindung, die Doppelbindungen enthält, den Verlauf leicht verschlechtert hat, während es sich bei allen anderen den Verlauf verbessernden Materialien um verhältnismäßig einfach aufgebaute Verbindungen handelt, die im allgemeinen unpolare Endgruppen haben, doppelbindungsfrei sind und Sauerstoff in der Äther- oder Estergruppierung enthalten. Eine gewisse Verwandtschaft hinsichtlich der Stellung der Sauerstoffatome zum zentralen Silizium- bzw. Boratom fällt auf beim Siliconöl und Borsäuretriäthylester, die beide eine verlaufsverbessernde Wirkung haben.

Entsprechende Aussagen über den Einfluß der chemischen Struktur lassen sich beim Terpentinöl und Kristallöl nicht machen, da es sich hier um Kohlenwasserstoff-Gemische handelt, deren Zusammensetzung gewissen Schwankungen unterworfen ist. Es ist jedoch auffallend, daß diese beiden Zusätze den Verlauf des Anstrichmittels nicht sehr stark beeinflussen.

D. Abhängigkeit des Verlaufs von der Art des Untergrundes

In den meisten Fällen wird ein Anstrichmittel nur auf einen ganz bestimmten Untergrund aufgebracht. Dabei werden die Eigenschaften des Anstrichmittels auf diesen Untergrund abgestimmt. Es kommt jedoch vor, daß der normalerweise vorgesehene Untergrund in bestimmten kleineren Flächenbereichen durch ein anderes Material unterbrochen wird. Auf diese Weise können ganz verschiedene Kombinationen von Untergründen für ein und dasselbe Anstrichmittel vorliegen, z. B. Holz neben Metall oder Glas. In diesem Falle ist auch eine Abhängigkeit bestimmter Anstricheigenschaften

von dem örtlich unterschiedlichen Untergrund zu erwarten. Stärkere Abhängigkeiten des Verlaufes von der Art des Untergrundes sind in der Praxis z. B. bei stark saugenden Untergründen beobachtet worden. Daher erschien es zweckmäßig, die Größenordnung der auftretenden Effekte an einer gewissen Auswahl vorkommender Untergrundarten und typischen Anstrichmitteln zu untersuchen.
Als Anstrichmittel für diese Versuchsserie wurden ein Alkydharzlack (mit Titandioxid pigmentiert), bei dem als Lösungsmittel Testbenzin benutzt wurde und eine Acrylatharzdispersion, ebenfalls mit Titandioxid pigmentiert, ausgewählt. Die verschiedenen Untergrundarten sind in der nachfolgenden Zusammenstellung angeführt.

Aluminium, glatt und gebeizt
Glas, poliert und geschliffen
Papier
Gips
Holz (Rüster)

Eine nähere Charakterisierung dieser verschiedenen Untergründe erscheint schwierig. Es war jedoch das Ziel der Untersuchungen, lediglich einen Vertreter einer jeweils größeren Klasse von verschiedenen Untergründen auszuwählen und, sofern bei diesen noch Variationen in der Oberflächenstruktur möglich sind, auch diese zu berücksichtigen. So dient das Aluminium als Vertreter für metallische Untergründe, bei denen verschiedene Rauhigkeiten der Oberfläche vorkommen können. In einem gewissen Gegensatz zu metallischen Untergründen steht Glas, das ebenfalls in verschiedener Oberflächenstruktur vorliegen kann. Stark saugfähige Untergründe sollen durch die Papier- und Gipsoberfläche repräsentiert werden. Eine große Variationsbreite liegt bei den verschiedenen Hölzern vor. Als Vertreter dieser Untergrundart wurde ein Furnier aus Rüster gewählt, das etwa eine mittlere Rauhigkeit in der Oberfläche aufweist. Im Gegensatz zu den anderen Untergründen hat die Holzoberfläche eine gerichtete Struktur. Um auch diesen Einfluß zu erfassen, wurden die Verlaufsuntersuchungen, soweit durchführbar, in der Weise ausgeführt, daß die Höhenrücken, deren Ausgleich beobachtet werden sollte, parallel und senkrecht zur Holzmaserung gelegen waren. Die Erzeugung des Profiles wurde unter den gleichen Bedingungen vorgenommen, wie sie im Abschnitt C beschrieben ist. Die Naßschichtdicke zu beiden Seiten der Oberflächenerhebungen betrug hier 120 μ. Die Charakterisierung des Profilausgleiches erfolgte nach Abb. 2 wiederum durch Darstellung der Tiefe der Talsohle zwischen den beiden Höhenrücken, bezogen auf den Anfangswert, in Abhängigkeit von der Zeit.
Bei den in diesem Abschnitt besprochenen Versuchen lag aus experimentellen Gründen der Zeitpunkt der ersten Messung entweder bei 0,4 oder 0,5 sec, je nach dem untersuchten System. Dieser Unterschied spielt keine wesentliche Rolle, da die Höhenunterschiede – auf den jeweiligen Anfangswert bezogen – ohnehin als relative Maßzahlen erscheinen. Nur bei stärkeren Abweichungen vom exponentiellen Verhalten würde durch die unterschiedliche Anfangszeit die Vergleichbarkeit der Meßkurven beeinträchtigt werden, jedoch wäre auch in diesem Falle, wegen der im Vergleich zur gesamten Zeitskala von ca. 10 sec kleinen Anfangszeitdifferenz von 0,1 sec, dieser Einfluß nur gering. Es wird jedoch in den folgenden Diagrammen die Zeit t, vom jeweiligen Anfangspunkt der Messung an gerechnet, als Abszisse aufgetragen.
In Abb. 6 ist für den Alkydharzanstrich der Profilausgleich dargestellt, der sich beim Aufbringen des Anstrichmittels auf glatten und rauhen Untergründen ergibt, wobei es bezeichnend ist, daß sowohl für Glas wie für Aluminium in gleicher Weise die entsprechenden Zusammenhänge für den Profilausgleich gefunden wurden. So bezieht sich die obere Kurve im Diagramm auf die rauhe Glas- bzw. Aluminiumoberfläche, während

die untere Kurve für die gleichen Materialien im glatten Zustand gültig ist. Der Unterschied des Verlaufes ist bemerkenswert; aus den Kurven lassen sich die Zeitkonstanten in folgender Weise bestimmen:

Zeitkonstante	glatte Oberfläche (sec)	rauhe Oberfläche (sec)
τ_1	4,0	6,0
τ_2	3,9	5,7

Es ergibt sich, daß die Zeitkonstanten bei der rauhen Oberfläche um ca. 50% über den für die glatte Oberfläche bestimmten liegen. Der Charakter des exponentiellen Profilausgleiches ist in beiden Fällen im wesentlichen erhalten geblieben. Die obere Kurve läßt jedoch erkennen, daß der Profilausgleich bei der rauhen Oberfläche offenbar doch nicht ganz vollständig erfolgt.

Die Erklärung für diesen Unterschied im Profilausgleich dürfte in den behinderten Strömungsverhältnissen für das Anstrichmittel in unmittelbarer Nähe des Untergrundes zu sehen sein. Beim Transport der Flüssigkeit von den höher gelegenen Partien im Profil zu den Vertiefungen strömt ein nicht unbeträchtlicher Teil relativ nahe an der rauhen Oberfläche vorbei. Eine wirklich laminare Strömung ist jedoch prinzipiell nur bei einer glatten Oberfläche des Untergrundes gewährleistet. Es ist nicht ausgeschlossen, daß es in unmittelbarer Nähe der rauhen Oberfläche zu Turbulenzerscheinungen kommt, die dann mit erhöhten Strömungswiderständen verbunden wären. Als Grenzbedingung für den Strömungsvorgang war angenommen worden, daß in jedem Falle, also auch bei der glatten Untergrundoberfläche, die Strömungsgeschwindigkeit unmittelbar an der Oberfläche gleich Null ist, während sie dann nach dem Inneren der flüssigen Anstrichschicht hin mehr und mehr zunimmt. Eine weitere Erklärung für den Unterschied des Verlaufsvorganges bei rauher und glatter Untergrundoberfläche könnte deshalb auch darin gesehen werden, daß die örtliche Zunahme der Strömungsgeschwindigkeit bei der glatten Oberfläche doch wesentlich stärker ist als bei der rauhen Oberfläche, da die in der Nähe der Spitzen der rauhen Oberfläche sich aufhaltenden Flüssigkeitsteile, die selbst nur eine geringe Geschwindigkeit haben, einen Behinderungseffekt auf die darüberliegenden Flüssigkeitsschichten ausüben, während die in den Vertiefungen der rauhen Oberfläche sitzenden Flüssigkeitsteile zwar im Ruhe-Zustand sind, auf die darüberliegenden Flüssigkeitsschichten jedoch keinen weiteren Einfluß ausüben.

Offenbar ist diese Erscheinung jedoch auch vom Material des Anstrichmittels abhängig. Das gleichartige Verhalten bei Aluminium- und Glasoberflächen war bei der Acrylatharzdispersion nicht festzustellen. Nach Abb. 7 ergab sich hier ein größerer Unterschied im Profilausgleich bei der polierten und der gebeizten Aluminiumoberfläche. Wie die entsprechende Kurve des Diagrammes zeigt, erfolgt der Profilausgleich bei der polierten Aluminiumoberfläche innerhalb weniger Sekunden und offensichtlich auch vollständig. Im Gegensatz dazu steht der Profilausgleich bei der gebeizten Aluminiumoberfläche, wo die Oberflächenerhebungen in der Anstrichschicht sich offensichtlich nur bis zu größenordnungsmäßig 50% des Ausgangswertes ausgleichen. Es ist auffallend, daß kein Unterschied im Profilausgleich zwischen der polierten und der geschliffenen Glasoberfläche gefunden werden konnte. Die Schnelligkeit des Profilausgleiches liegt etwa zwischen der der gebeizten und der glatten Aluminiumoberfläche. Es ist ferner der Form der Kurven in Abb. 7 zu entnehmen, daß der exponentielle Charakter des Profilausgleiches bei diesem Material offensichtlich nicht zutreffend ist. Es wird entweder ein stabiler Wert des unvollständigen Profilausgleiches erreicht, oder die Abnahme der

Höhenunterschiede in der Oberfläche erfolgt mehr linear mit der Zeit, was beides dem exponentiellen Charakter widerspricht.
Bei denjenigen Untergründen, die mehr oder weniger saugende Eigenschaften haben, sind merkliche Unterschiede im Profilausgleich vorhanden. Die bei den Untersuchungen festgestellten Ergebnisse sind in Abb. 8 wiedergegeben. Es handelt sich hierbei um den Profilausgleich des Alkydharzes auf der Holz- und der Papieroberfläche. Bei der Holzoberfläche wurde der Profilausgleich in zwei Richtungen untersucht, die senkrecht zueinander stehen, parallel und senkrecht zur Richtung der Holzmaserung. Bei den Messungen ergaben sich die folgenden Zeitkonstanten:

Zeitkonstante	Holz Erhebungen senkrecht zur Messung (sec)	Holz Erhebungen parallel zur Messung (sec)	Papier (sec)
τ_1	3,9	4,7	4,5
τ_2	4,2	5,0	4,4

Der Profilausgleich erfolgt weniger schnell in dem Falle, wo die Höhenrücken parallel zur Maserungsrichtung verlaufen. Die Erklärung für diesen Effekt ist ähnlich wie im Falle der rauhen Aluminium- oder Glasoberfläche. Auch hier muß die Flüssigkeit bei ihrer Strömung im Laufe des Profilausgleiches die Welligkeit der Oberfläche des Holzfurniers überwinden. Etwas günstigere Strömungsverhältnisse werden in dem anderen Falle angetroffen, wo die Höhenrücken senkrecht zur Maserung des Holzes verlaufen. Hier muß die Flüssigkeit bei der Strömung in der Länge der Oberfläche keine Erhebungen in der Holzoberfläche überwinden, sie findet statt dessen in den Riefen des Holzes gewissermaßen Strömungskanäle vor, die an sich den Verlauf begünstigen. Andererseits gibt es jedoch auch Erhebungen in der Holzoberfläche, über denen die Naßschichtdicke dann naturgemäß geringer ist, so daß an diesen Stellen der Strömungsvorgang behindert wird. Die Bestimmung der Zeitkonstanten aus den entsprechenden Kurven für den Profilausgleich zeigt auch, daß die Geschwindigkeit des Profilausgleiches in beiden Fällen nur um etwa 20% verschieden ist. Die angenäherte Gleichheit der Zeitkonstanten τ_1 und τ_2 zeigt jedoch, daß der exponentielle Charakter des Profilausgleiches auch in diesem Falle erhalten geblieben ist.
Die gleichfalls in Abb. 8 dargestellte Kurve für den Ausgleich des Profiles auf Papier als Untergrund zeigt, daß sich dieser Vorgang nicht wesentlich von dem auf Holzuntergrund unterscheidet. Die aus der Kurve bestimmten Zeitkonstanten liegen auch in der gleichen Größenordnung wie bei Holz als Untergrund. Ihre angenäherte Gleichheit bestätigt auch hier die Gültigkeit des Exponentialgesetzes für den Verlauf. Es sei noch erwähnt, daß sich mit dem Alkydharzanstrich mit Gips als Untergrund keine reproduzierbaren Versuchsergebnisse erzielen lassen. Es konnte in manchen Fällen ein sehr schneller und fast vollständiger Profilausgleich beobachtet werden, andererseits jedoch auch das Auftreten von merklichen restlichen Höhenunterschieden nach Beendigung des Strömungsvorganges. Offensichtlich ist die Saugfähigkeit dieses Untergrundmaterials örtlich zu unterschiedlich, um einen einheitlichen Verlaufsvorgang zu ermöglichen.
Etwas andere Verhältnisse lagen bei der Acrylatharzdispersion bei dem Verlauf auf saugenden Untergründen vor. Die Ergebnisse der Versuchsserie auf verschiedenen Untergründen dieser Art sind in Abb. 9 dargestellt. Im ganzen scheint der Verlauf hier

ungünstiger zu sein als in den anderen bisher behandelten Fällen. Für den Holzuntergrund ließ sich eine Reproduzierbarkeit der Verlaufserscheinung nur in einem Falle beobachten, wo die Höhenrücken senkrecht zur Maserungsrichtung verliefen. Es läßt sich auf diesem Untergrund mit der Acrylatharzdispersion offensichtlich noch der günstigste Verlaufsvorgang erzielen. Der Kurvenverlauf deutet an, daß der Profilausgleich wesentlich weitergehender sein wird als bei den anderen beiden Untergründen (Gips und Papier). Beim Verlauf dieses Anstrichmaterials auf Gips als Untergrund wird innerhalb eines Zeitraumes von etwa 8 sec eine Profileinebnung erreicht, die nur bis zu etwa 50% des Ausgangswertes geht. Ähnlich liegen die Verhältnisse bei Papier als Untergrund, hier verläuft der Vorgang jedoch geringfügig schneller, und es wird auch eine etwas weitergehende Einebnung des Profiles erreicht. Die in Abb. 9 dargestellten Kurven lassen jedoch auch erkennen, daß ein exponentieller Charakter des Verlaufsvorganges hier nicht vorliegt. Nach diesen Ergebnissen läßt sich vermuten, daß die exponentielle Gesetzmäßigkeit doch stärker vom jeweilig benutzten Material abhängt. Diese Erscheinung ist sicherlich nicht von grundsätzlicher Bedeutung für die Güte des Verlaufes an sich; das Vorhandensein der exponentiellen Gesetzmäßigkeit ermöglicht jedoch, wie die übrigen Ergebnisse zeigten, eine leichtere Kennzeichnung der Verlaufseigenschaft in Form der Zeitkonstanten.

Zusammenfassend lassen die in dieser Versuchsserie bei den verschiedenen Untergründen festgestellten Verlaufsvorgänge den Schluß zu, daß die Schnelligkeit und Vollständigkeit des Verlaufsvorganges offensichtlich doch stärker vom jeweilig benutzten Untergrundmaterial abhängt. Man kann diesen Befund als eine weitere Unterstützung für die Aussage ansehen, daß der Verlauf an sich keine reine Materialeigenschaft ist. Ebenso wie die geometrischen Bedingungen des Oberflächenprofiles für den Verlaufsvorgang von entscheidender Bedeutung sind, kann diese Erscheinung auch von der Art des Untergrundes maßgeblich beeinflußt werden, so daß ein ungenügender Verlaufsvorgang nicht von vornherein dem benutzten Anstrichmittel zuzuschreiben ist. Bei unbefriedigendem Verlauf ist vielmehr auch zu prüfen, ob nicht durch entsprechende Veränderungen am Untergrund und beim Auftragungsverfahren sich ein günstigeres Erscheinungsbild des Verlaufsvorganges erreichen läßt.

E. Oberflächenunebenheiten bei wiederholten Anstrichen

Normalerweise erstreckt sich eine Beurteilung des Verlaufs nur auf die Beobachtung der Oberflächeneinebnung einer Anstrichschicht, von der nach ihrer Aufbringung Oberflächenstörungen ferngehalten werden und bei der eine Weiterbehandlung, z. B. ein erneutes Überstreichen, erst dann stattfindet, wenn der Anstrich im wesentlichen durchgetrocknet ist. Diese in der Praxis anzustrebende Verfahrensweise kann unter besonderen Umständen nicht durchführbar sein. Es ist z. B. möglich, daß unmittelbar oder einige Zeit nach dem Aufbringen des Anstriches, wenn dieser bereits mehr oder weniger verlaufen ist, aber der eigentliche Trocknungsvorgang noch kaum eingesetzt hat, noch eine gewisse Menge des Anstrichmittels, etwa ein kleiner Tropfen, auf die Oberfläche unbeabsichtigt aufgebracht wird. Es ist wünschenswert, daß auch diese Oberflächenstörung möglichst vollständig beseitigt werden kann. Dazu sollte der aufgebrachte Tropfen sich weitgehend ausbreiten und von der mehr oder weniger noch flüssigen Anstrichschicht aufgenommen werden. Dieser Vorgang wird sich um so weniger in dem gewünschten Ausmaß abspielen, je stärker die oberflächliche Antrocknung der Anstrichschicht schon eingetreten ist. Zwar kann der in dem Anstrichtropfen enthaltene Lösungsmittelanteil eine gewisse Anlösung der angetrockneten Oberfläche versuchen und damit die Aufnahme des Tropfens in die Anstrichschicht begünstigen. Dieser Effekt ist aber nur in dem Ausmaß möglich, wie eine physikalische Trocknung der Oberfläche eingetreten ist, die sich durch Lösungsmitteleinwirkung wieder rückgängig machen läßt. Parallel dazu ist aber bei überwiegend chemisch trocknenden Anstrichmitteln damit zu rechenen, daß oberflächlich bereits die Vernetzung eingesetzt hat, so daß das Lösungsmittel, welches vom Tropfen her auf die Oberfläche einwirken könnte, keine Auflösung der Oberflächenschicht mehr verursacht.

An einem typischen Beispiel wurden diese Vorgänge mit Hilfe der Verlaufsmeßeinrichtung untersucht. Dieses Meßgerät erschien für diesen Zweck besonders geeignet zu sein, da es vor allem wegen der starken Überhöhung der Profildarstellung eine sehr genaue Beobachtung des Verhaltens des Tropfens ermöglicht. Als Anstrichmaterial wurde ein lufttrocknendes Alkydharz benutzt, dem als Pigment Titandioxyd (Rutil) und Zinkweiß zugesetzt war. Außerdem enthielt der Lack noch Trockenstoffe und als Lösungsmittel Xylol und Byketol®. Die Naßschichtdicke des ungestörten Anstriches wurde auf 100 μ eingestellt. Um Tropfen einheitlicher Größe zu bekommen, wurde der Lack aus einer Dosier-Spritze auf die erste Lackschicht aufgebracht. Das Tropfenvolumen betrug ca. 10 μl.

In den Abbildungen sind die Ausgleichsvorgänge dargestellt, die sich ergeben, wenn der Tropfen einmal auf den Anstrich aufgebracht wird, nachdem dieser lediglich 50 sec Zeit für den Antrocknungsvorgang gehabt hatte (Abb. 10) und in der zweiten Serie (Abb. 11), nachdem dem Anstrich eine Antrocknungszeit von 10 min zur Verfügung stand. Die letztere Zeit entspricht größenordnungsmäßig etwa der äußersten Zeitspanne, nach der bei einem Anstrich mit Störungen dieser Art noch gerechnet werden muß. Die erheblichen Unterschiede zwischen den beiden Ausgleichsvorgängen lassen sich an Hand des direkten Erscheinungsbildes der Profildarstellung am besten beurteilen. Die erste Aufnahme wurde in der Serie des kaum angetrockneten Anstriches 0,5 sec und in der Serie der länger angetrockneten Schicht 10 sec nach der Aufbringung des Tropfens gemacht. Im ersteren Fall zeigt der Tropfen bereits zu diesem Zeitpunkt unmittelbar nach der Aufbringung einen Zustand starker Verbreiterung, während er im letzteren Fall selbst nach der Zeit von 10 sec noch eng begrenzt auf der angetrockneten Anstrichschicht lagert. Zu diesem Zeitpunkt ist wiederum der Tropfen auf dem kaum angetrockneten Anstrich, wie Abb. 10 weiter zeigt, bereits weitgehend auseinandergeflossen, aber immerhin doch noch als Oberflächenstörung erkennbar. Erst nach 160 sec ist derjenige Zustand erreicht, wo man mit einer völligen Aufnahme des Tropfens durch die Anstrichschicht rechnen kann, wie Abb. 10 im untersten Bild zeigt. Eine restliche Erhöhung in der Oberfläche ist in diesem Bild noch bemerkbar; es ist jedoch dabei zu beachten, daß die Profildarstellung auf dem Schirm des Kathodenstrahloszillographen etwa achtfach überhöht ist, so daß in der wirklichen Anstrichoberfläche die Störung in einem wesentlich geringeren Ausmaß zu bemerken ist.

Wichtig ist vor allem, daß die Begrenzung des Tropfens völlig verschwunden ist. Der Übergang von der Oberfläche des Tropfens zu der ursprünglichen Anstrichschicht ist vollkommen stetig. Diese für die Wahrnehmbarkeit einer Oberflächenstörung wesentliche Eigenschaft ist bei der Ausbreitung des Tropfens auf der länger angetrockneten Schicht nicht feststellbar. Zum vergleichbaren Zeitpunkt von 150 sec ist der Tropfen noch deutlich als weitgehend isolierte Störung feststellbar, wie Abb. 11 zeigt, und auch nach der wesentlich längeren Zeitspanne von 630 sec ist es noch zu keiner vollständigen Aufnahme des Tropfens durch die Anstrichschicht gekommen, wie der scharfe Knick in der Begrenzungskurve der Profildarstellung im untersten Bild von Abb. 11 zeigt. Nach diesem Zeitraum von ca. 10 min ist im übrigen bereits mit einem Antrocknen des Tropfens selbst zu rechnen, so daß dieser Prozeß, zusammen mit der natürlich weiterlaufenden Trocknung der ursprünglichen Anstrichschicht, das Ausbreitungsbestreben des Tropfens schließlich ganz einschränkt, was durch eine weitere visuelle Beobachtung des Profiles bis zu etwa einer Stunde nach Aufbringung des Tropfens auch bestätigt werden konnte.

Der hier beschriebene Versuch liefert eine Vorstellung über die typische Größenordnung der Zeitspanne, in der damit gerechnet werden kann, daß sich Störungen der geschilderten Art entweder noch nicht merklich auswirken können oder andererseits irreversibel sind. Selbst wenn in der Praxis normalerweise versucht wird, einen unbeabsichtigt auf die Anstrichoberfläche gelangten Tropfen zu verteilen, um so eine Aufnahme in die Schicht zu erleichtern, so muß doch immer damit gerechnet werden, daß eine gewisse Erhöhung der Oberfläche durch das frisch aufgebrachte Anstrichmittel bestehenbleibt und an der Grenzlinie zwischen dem verteilten Tropfen und der ursprünglichen Anstrichschicht die Verhältnisse durch die Verteilung praktisch nicht geändert werden. Gerade aber der sich dort abspielende Prozeß eines Überganges von einer unstetigen in eine stetige Profilbegrenzung ist in seinem zeitlichen Ablauf in der behandelten Versuchsserie gut erkennbar geworden.

Ein weiterer Fall, bei dem es zur Ausbildung von Oberflächenunebenheiten in einer Anstrichoberfläche kommen kann, ist die »Runzel-Bildung«. Diese häufiger zu beobachtende Erscheinung ist fast stets eine Folge einer unsachgemäßen Aufbringung des Lackes. Sie tritt dann auf, wenn bei wiederholtem Anstrich die zuerst aufgebrachte Schicht zu dem Zeitpunkt noch nicht ausreichend durchgetrocknet ist, an dem die zweite Schicht aufgestrichen oder -gespritzt wird. In dieser kommt es dann durch Rückwirkung der ersten Schicht zu einer allmählichen Ausbildung von wellenförmigen Oberflächenunebenheiten. Die Ausbildung dieser Erscheinung kann relativ lange Zeit in Anspruch nehmen, erst Stunden oder gar Tage nach Aufbringen der zweiten Schicht zeigen sich die Oberflächenrunzeln, und ihre Beseitigung ist normalerweise nicht mehr möglich. In starkem Maße hängt das Auftreten dieser Oberflächenstörung auch von der Schichtdicke der aufgebrachten Anstriche ab, da besonders die Schichtdicke das Trocknungsverhalten der Filme wesentlich beeinflußt.

Natürlich ist das Auftreten der Runzelbildung unter sonst gleichen Umständen auch eine Materialfrage. Daher ist eine nähere Untersuchung eines vorgegebenen Materials auf seine Neigung zur Runzelbildung in manchen Fällen erwünscht, und es erhebt sich die Frage nach einem geeigneten Meßverfahren, um den Ablauf dieses Vorganges auch quantitativ zu verfolgen. Für derartige Untersuchungen ist die Verlaufsprüfvorrichtung ebenfalls geeignet, wie an einem typischen Beispiel gezeigt werden soll. Es handelt sich dabei wieder um das als Standard-Typ gut geeignete System Alkydharz/Titandioxid, lufttrocknend. Die erste Anstrichschicht war in einer Dicke von 130 μ aufgebracht und über eine Zeit von 3 Stunden getrocknet worden. Danach erfolgte die Aufbringung der zweiten Schicht in einer Dicke von 50 μ. Nach einer weiteren, wesentlich längeren Trocknungszeit von ca. 8 Tagen zeigten sich ausgeprägte Runzeln. Natürlich sind die genannten Dickenwerte für Anstrichsysteme dieser Art zu hoch gewählt; bei unsachgemäßem Arbeiten, das dann die unerwünschte Runzelbildung zur Folge hat, können sie jedoch durchaus vorkommen.

In Abb. 12a ist das Profil des zweischichtigen Anstriches, der diese Runzelbildung gezeigt hat, dargestellt. Zum Vergleich dazu zeigt Abb. 12b das Profil des glatt aufgetrockneten ersten Anstriches. Da die Runzelbildung stets unter gewissen örtlich unterschiedlichen Bedingungen erfolgt, sind die Abmessungen der Runzeln etwas unregel-

mäßig, wie das Bild zeigt. Immerhin erscheint es prinzipiell möglich, das Herauswachsen der Runzeln aus der Oberfläche auf diese Weise zu beobachten und den Vorgang messend zu verfolgen. Hier ist der Einfachheit halber nur der Endzustand der Runzelbildung dargestellt. Durch derartige Aufnahmen sind im Prinzip natürlich auch die durchschnittlichen Abmessungen von Höhe und Breite der Runzeln genau bestimmbar. Das Profil der ungestörten Oberfläche (Abb. 12b) ist im wesentlichen eben und zeigt nur andeutungsweise eine leichte Oberflächenstörung durch Stippenbildung, wie sie auch in hochglänzenden Anstrichen oft beobachtet werden kann. Kleinere Stippen, wie in diesem Falle, werden, wenn sie nicht zu häufig auftreten, normalerweise nicht als übermäßig störend empfunden. Durch den Überhöhungsfaktor der Profildarstellung sind sie hier nur besonders deutlich zu bemerken.
Das visuelle Erscheinungsbild der entsprechenden Oberflächen zeigt Abb. 13. Es ist eine gewisse Parallelität der Runzeln (a) zu bemerken, die überdies recht einheitlich in ihrer Größe sind. Die Oberfläche des ersten Anstrichfilmes (b) erscheint bis auf einige der erwähnten Stippen praktisch störungsfrei. Diese photographische Wiedergabe der Oberflächen vermittelt im übrigen einen guten Vergleich zwischen der Leistungsfähigkeit der Darstellung im Verlaufsprüfgerät und der normalen visuellen Beobachtung.

F. Schlußbemerkungen

Die vorliegenden Untersuchungsergebnisse zeigten aus verschiedenen Gebieten der Anstrichtechnik Anwendungsmöglichkeiten für das Verlaufs-Prüfgerät, bei dem generell durch die vergrößerte und überhöhte Profildarstellung eine Aufklärung von Fragen möglich erscheint, die sich mit den bisherigen Hilfsmitteln weniger gut bearbeiten ließen. Derartige Untersuchungen sind natürlich noch erweiterungsfähig. Auf theoretischem Gebiet erweist sich die Kennzeichnung des Verlaufes durch die Zeitkonstante des Profilausgleiches zwar als sehr nützlich, sie kann andererseits aber strenggenommen nur den Fall des exponentiellen Profilausgleiches erfassen. Da sich von diesem Verhalten aber durchaus auch Abweichungen zeigen können, erscheint die weitere Ausarbeitung der Theorie zur Erfassung auch dieser Vorgänge zweckmäßig. Einen ersten Schritt in dieser Hinsicht stellt die Charakterisierung des Verlaufes durch zwei aufeinanderfolgende Zeitkonstanten dar. Eine geeignete Fassung des Unterschiedes dieser beiden Werte könnte zu einer weiteren Kennzahl für den Verlauf führen.
Der Spielraum der Untersuchungsmöglichkeiten für verlaufsbeeinflussende Zusätze ist prinzipiell unbegrenzt. Erforderlich erscheint jedoch, nachdem die Größenordnung der auftretenden Effekte durch die Untersuchungen zutage getreten ist, eine engere Klassifizierung der Zusätze nach der Art ihrer Wirksamkeit, etwa hinsichtlich der Beeinflussung der Oberflächenspannung, der Viskosität usw. Eine nähere Untersuchung des Zusammenhanges zwischen chemischer Struktur des Verlaufszusatzes und der Eigenschaft des betreffenden Anstrichsystems erscheint in diesem Zusammenhang ebenfalls zweckmäßig.
Die Möglichkeiten des Studiums nachträglich entstehender Oberflächenunebenheiten konnten hier nur qualitativ behandelt werden. Auf diesem Gebiet bleiben noch viele Fragestellungen offen. Der Zusammenhang zwischen maximaler Antrocknungszeit und der Möglichkeit einer abermaligen Aufbringung eines Anstrichs aus dem gleichen oder einem anderen Material ist für die Praxis von großer Wichtigkeit. Bei Untersuchungen

dieser Art kommt der Eigenschaft des Verlaufs-Prüfgerätes, die Profildarstellung auch über längere Zeiten verfolgen zu können, eine wesentliche Bedeutung zu. Durch eine Variation der Dicken der ersten und zweiten Anstrichschicht dürfte die Ausbildung nachträglicher Oberflächenstörungen erheblich beeinflußt werden; die bei dem Verlaufsprüfgerät vorhandene Aufstreichvorrichtung gestattet jedoch die exakte Einstellung von Schichtdicken, so daß diese Effekte genau erfaßbar sind.

Die vorliegenden Untersuchungen wurden durch Mittel des Landes Nordrhein-Westfalen (Landesamt für Forschung) finanziell unterstützt, wofür an dieser Stelle gedankt werden soll. Herrn E. Klinke und Frau I. Schwärzler gebührt ebenfalls Dank für die sorgfältige Ausführung und Auswertung der Messungen.

Zusammenfassung

Für die Untersuchung des Ausgleiches von Höhenunterschieden in flüssigen Anstrichschichten – in der Lackpraxis kurz »Verlauf« genannt – ist ein im Forschungsinstitut für Pigmente und Lacke, Stuttgart, entwickeltes Gerät geeignet, das das Profil der Anstrichschicht in vergrößerter und überhöhter Form zu beobachten und auszumessen gestattet. Mit diesem Gerät wurden einige, für die Praxis wichtige Fragestellungen bearbeitet.

Es zeigte sich auf Grund von Versuchen, daß der von theoretischer Seite vorausgesagte exponentielle Zusammenhang bei Verlaufserscheinungen tatsächlich vorliegt, so daß die Charakterisierung des Verlaufsvorganges in einfachster Weise durch eine »Zeitkonstante« möglich ist. Der Einfluß verschiedener Verlaufshilfsmittel wurde an einem typischen Anstrichsystem untersucht. Es ergaben sich fast stets Verbesserungen des Verlaufscharakters des Anstrichmaterials, wobei die auftretenden Zeitkonstanten sich maximal etwa um den Faktor 2 unterscheiden. Der Einfluß des Untergrundes für den flüssigen Anstrich auf dessen Verlauf kann recht erheblich sein. Stärkere Unterschiede konnten gefunden werden zwischen glatten und rauhen Oberflächen einerseits und saugenden und nichtsaugenden Untergründen andererseits.

In orientierenden Versuchen wurden die Effekte untersucht, die zu Oberflächenstörungen im Zusammenhang mit der Aufbringung einer weiteren Anstrichschicht auf eine noch nicht völlig trockene Schicht führen. Letztere verhindert, wenn sie bereits oberflächlich angetrocknet ist, die vollständige Aufnahme nachträglich aufgebrachten flüssigen Materials. Bei zu frühem Überstreichen kann außerdem die gesamte Anstrichschicht im weiteren Verlauf des Trocknungsvorganges zu Runzelbildung führen. Beide Effekte konnten qualitativ gut mit dem beschriebenen Gerät beobachtet werden.

Literaturverzeichnis

[1] Garmsen, W., Farbe und Lack 60, 257 (1954).
[2] Stieg, F.B., Off. Dig. 32, 1435 (1960).
[3] Zorll, U., Forsch.-Ber. Nordrh.-Westf. Nr. 1565.
[4] Fink-Jensen, Farbe und Lack 68, 155 (1962).
[5] Lamb, H., Hydrodynamics, New York 1932, S. 625ff.
[6] Blackinton, R. J., Off. Dig. 25, 205 (1953).
[7] Smith, N.D.P., S.E. Orchard und A. J. Rhind-Tutt, Jocca 44, 618 (1961).

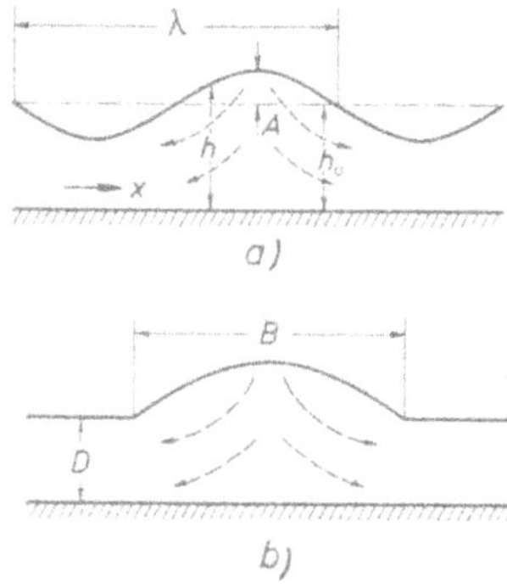

Abb. 1 Schematische Darstellung von Profilen flüssiger Anstrichschichten mit Höhenunterschieden
Gestrichelte Pfeile deuten Materialabfluß an

a) Sinusförmiges Profil
- h örtlich und zeitlich variable Schichtdicke
- h_0 mittlere Schichtdicke, konstanter Wert
- A »Amplitude«, halbe Wellenhöhe zu Beginn des Ausgleichsvorganges
- λ »Wellenlänge«, seitliche Ausdehnung der Erhebung
- x Ortskoordinate parallel zum Untergrund

b) Profil mit einer einzigen Erhebung
- B Breite der Erhebung
- D Schichtdicke der Schicht außerhalb der Erhebung

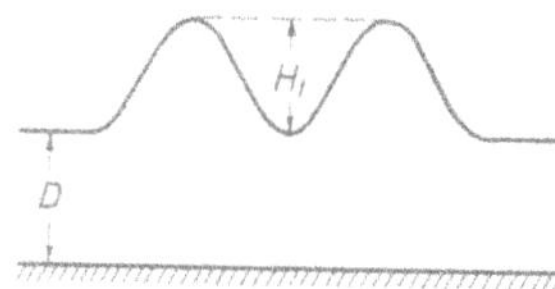

Abb. 2 Schematische Darstellung der bei den Verlaufsmessungen bestimmten Größen
- H_t Höhenunterschied zwischen Erhebungen und Vertiefung zum Zeitpunkt t
- D Naßschichtdicke im Bereich außerhalb der Erhebungen

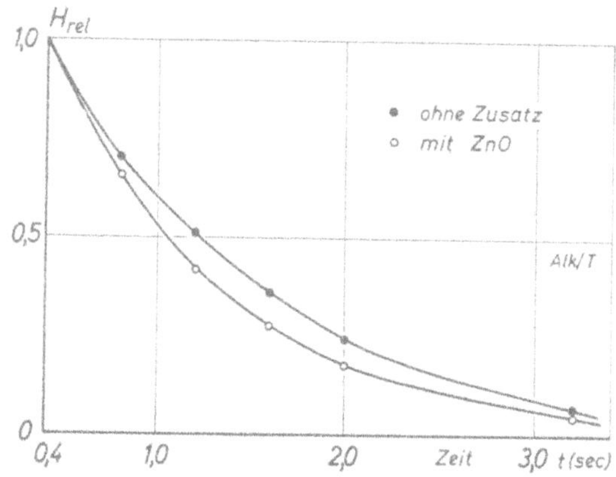

Abb. 3 Profilausgleich in zeitlicher Abhängigkeit für Alkydharz/TiO_2 mit und ohne Zusatz von Zinkoxid

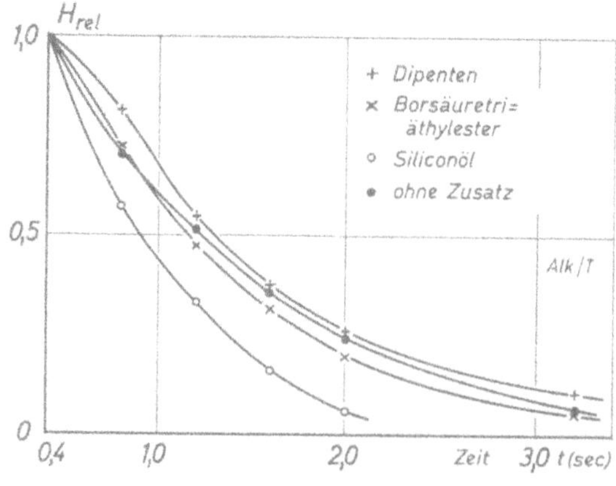

Abb. 4 Profilausgleich in zeitlicher Abhängigkeit für Alkydharz/TiO_2 ohne Zusatz und mit Zusatz von Siliconöl, Dipenten und Borsäuretriäthylester

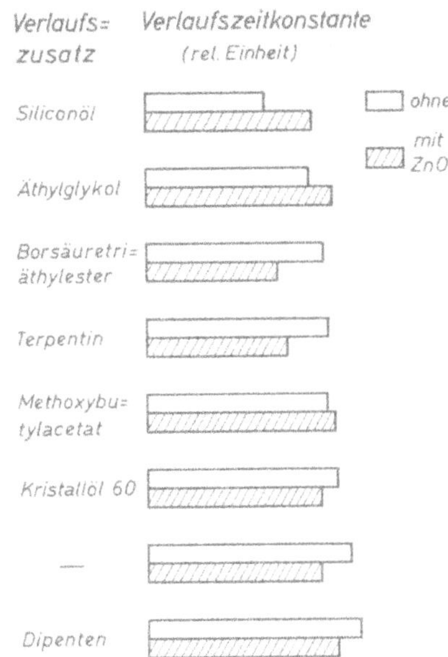

Abb. 5 Schematische Darstellung der Beeinflussung der mittleren Zeitkonstanten für den Profilausgleich beim System Alkydharz/TiO_2 bei Zugabe von Verlaufshilfsmitteln und Zinkoxid

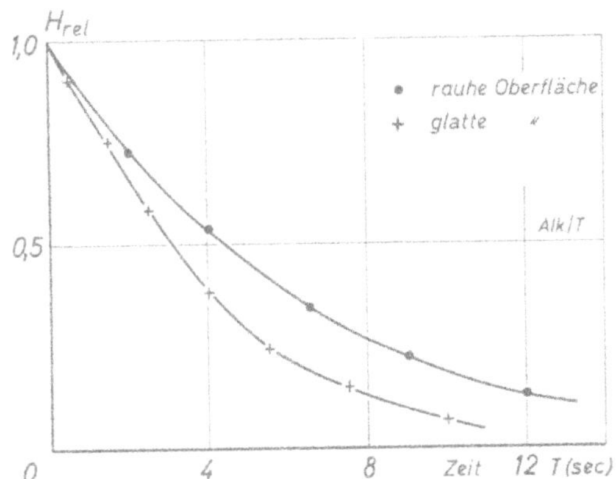

Abb. 6 Profilausgleich in zeitlicher Abhängigkeit für das System Alkydharz/TiO_2 auf glattem und rauhem Untergrund aus Aluminium bzw. Glas

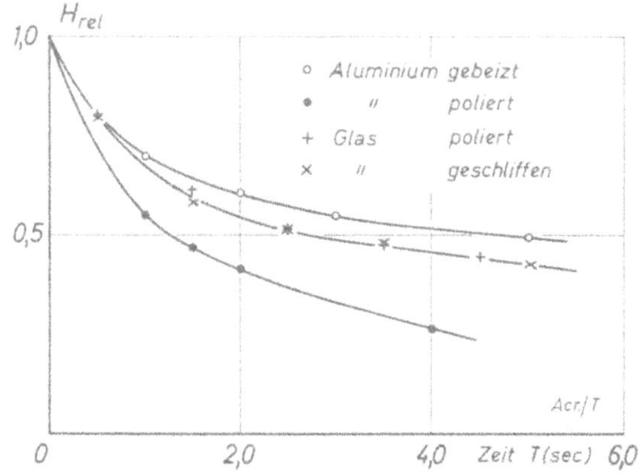

Abb. 7 Profilausgleich in zeitlicher Abhängigkeit für das System Acrylatharzdispersion/TiO_2 auf glattem und rauhem Untergrund aus Aluminium bzw. Glas

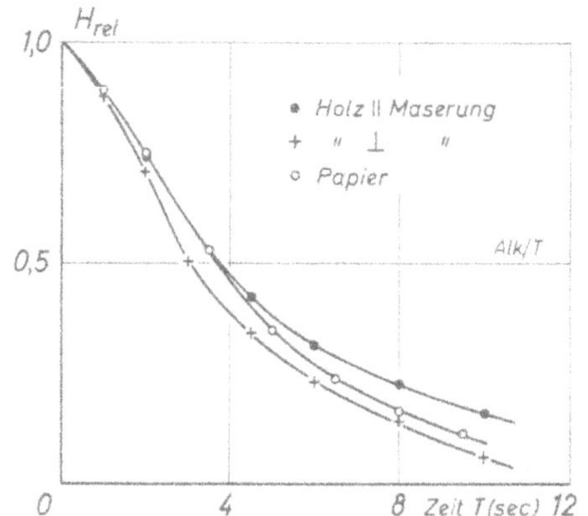

Abb. 8 Profilausgleich in zeitlicher Abhängigkeit für das System Alkydharz/TiO_2 auf Holz- und Papieruntergrund

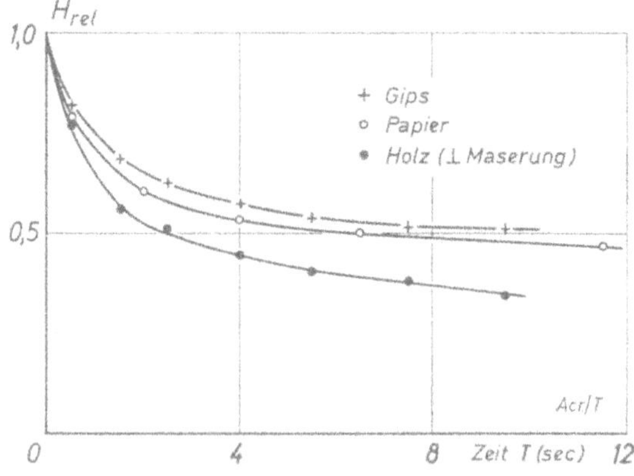

Abb. 9 Profilausgleich in zeitlicher Abhängigkeit für das System Acrylatharzdispersion/TiO_2 auf Holz-, Papier- und Gipsuntergrund

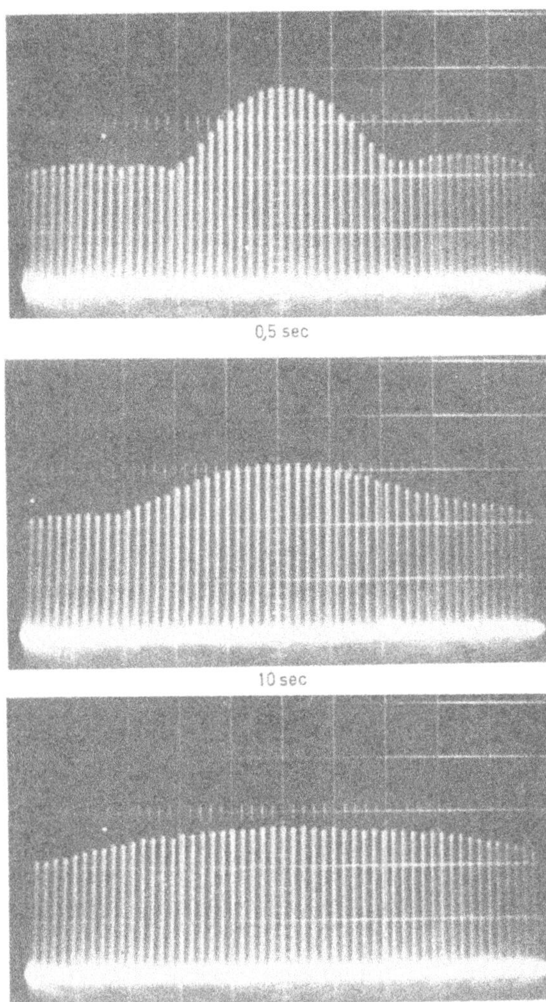

Abb. 10 Darstellung des Profilausgleiches eines auf eine kaum angetrocknete Anstrichschicht aufgebrachten Tropfens aus dem gleichen Material wie die Schicht
Zeitpunkt der Aufnahme nach Aufbringung des Tropfens:

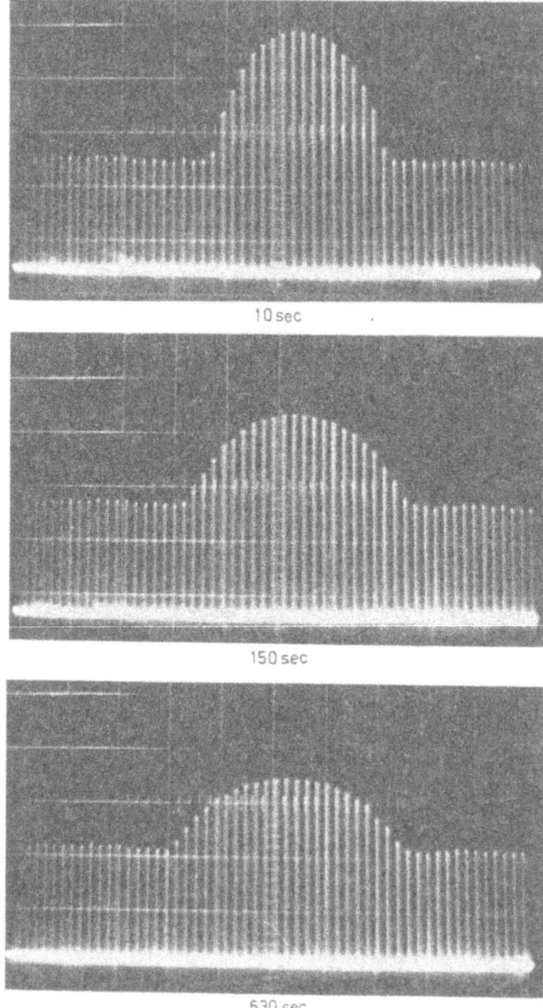

Abb. 11 Darstellung des Profilausgleiches wie bei Abb. 10 nach Aufbringung des Tropfens auf eine 10 min lang angetrocknete Schicht
Zeitpunkt der Aufnahme nach Aufbringung des Tropfens:

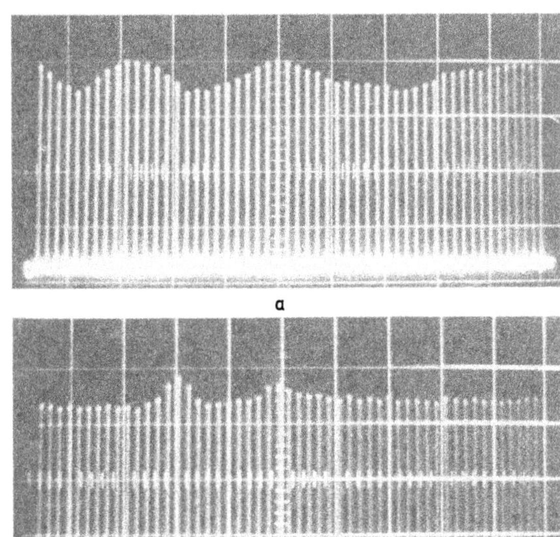

a

b

Abb. 12 Profildarstellung von Anstrichen mit Oberflächenstörungen
a) Wellenförmige Erhebungen im Profil entsprechen den Runzeln in der Oberfläche
b) Erster Anstrich mit bis auf zwei eng lokalisierte Stippen glatter Oberfläche

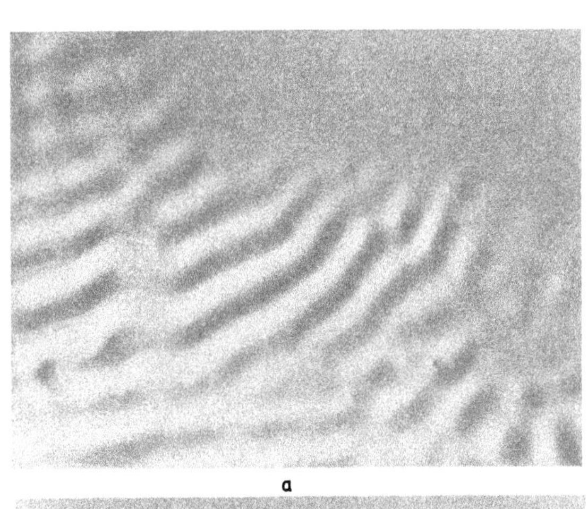

a

b

Abb. 13 Visuelles Erscheinungsbild der Oberfläche mit Runzeln (a) und der bis auf Stippen glatten Oberfläche (b), deren Profildarstellungen in Abb. 12 gegeben wurden (Vergrößerung zweifach)

Forschungsberichte des Landes Nordrhein-Westfalen

Herausgegeben im Auftrage des Ministerpräsidenten Heinz Kühn
von Staatssekretär Professor Dr. h. c. Dr. E. h. Leo Brandt

Sachgruppenverzeichnis

Acetylen · Schweißtechnik
Acetylene · Welding gracitice
Acétylène · Technique du soudage
Acetileno · Técnica de la soldadura
Ацетилен и техника сварки

Arbeitswissenschaft
Labor science
Science du travail
Trabajo científico
Вопросы трудового процесса

Bau · Steine · Erden
Constructure · Construction material · Soil research
Construction · Matériaux de construction · Recherche souterraine
La construcción · Materiales de construcción · Reconocimiento del suelo
Строительство и строительные материалы

Bergbau
Mining
Exploitation des mines
Minería
Горное дело

Biologie
Biology
Biologie
Biologia
Биология

Chemie
Chemistry
Chimie
Quimica
Химия

Druck · Farbe · Papier · Photographie
Printing · Color · Paper · Photography
Imprimerie · Couleur · Papier · Photographie
Artes gráficas · Color · Papel · Fotografía
Типография · Краски · Бумага · Фотография

Eisenverarbeitende Industrie
Metal working industry
Industrie du fer
Industria del hierro
Металлообработывающая промышленность

Elektrotechnik · Optik
Electrotechnology · Optics
Electrotechnique · Optique
Electrotécnica · Optica
Электротехника и оптика

Energiewirtschaft
Power economy
Energie
Energía
Энергетическое хозяиство

Fahrzeugbau · Gasmotoren
Vehicle construction · Engines
Construction de véhicules · Moteurs
Construcción de vehículos · Motores
Производство транспортных · Средств

Fertigung
Fabrication
Fabrication
Fabricación
Производство

Funktechnik · Astronomie
Radio engineering · Astronomy
Radiotechnique Astronomie
Radiotécnica · Astronomía
Радиотехника и астрономия

Gaswirtschaft
Gas economy
Gaz
Gas
Газовое хозяйство

Holzbearbeitung
Wood working
Travail du bois
Trabajo de la madera
Деревообработка

Hüttenwesen · Werkstoffkunde
Metallurgy · Materials research
Métallurgie · Materiaux
Metalurgia · Materiales
Металлургия и материаловедение

Kunststoffe
Plastics
Plastiques
Plásticos
Пластмассы

Luftfahrt · Flugwissenschaft
Aeronautics · Aviation
Aéronautique · Aviation
Aeronáutica · Aviación
Авиация

Luftreinhaltung
Air-cleaning
Purification de l'air
Purificación del aire
Очищение воздуха

Maschinenbau
Machinery
Construction mécanique
Construcción de máquinas
Машиностроительство

Mathematik
Mathematics
Mathématiques
Mathemáticas
Математика

Medizin · Pharmakologie
Medicine · Pharmacology
Médecine · Pharmacologie
Medicina · Farmacología
Медицина и фармакология

NE-Metalle
Non-ferrous metal
Metal non ferreux
Metal no ferroso
Цветные металлы

Physik
Physics
Physique
Física
Физика

Rationalisierung
Rationalizing
Rationalisation
Racionalización
Рационализация

Schall · Ultraschall
Sound · Ultrasonics
Son · Ultra-son
Sonido · Ultrasónico
Звук и ультразвук

Schiffahrt
Navigation
Navigation
Navegación
Судоходство

Textilforschung
Textile research
Textiles
Textil
Вопросы текстильной промышленности

Turbinen
Turbines
Turbines
Turbinas
Турбины

Verkehr
Traffic
Trafic
Tráfico
Транспорт

Wirtschaftswissenschaften
Political economy
Economie politique
Ciencias económicas
Экономические науки

Einzelverzeichnis der Sachgruppen bitte anfordern

Westdeutscher Verlag · Köln und Opladen
567 Opladen/Rhld., Ophovener Straße 1–3, Postfach 1620

GPSR Compliance
The European Union's (EU) General Product Safety Regulation (GPSR) is a set of rules that requires consumer products to be safe and our obligations to ensure this.

If you have any concerns about our products, you can contact us on

ProductSafety@springernature.com

In case Publisher is established outside the EU, the EU authorized representative is:

Springer Nature Customer Service Center GmbH
Europaplatz 3
69115 Heidelberg, Germany

www.ingramcontent.com/pod-product-compliance
Ingram Content Group UK Ltd.
Pitfield, Milton Keynes, MK11 3LW, UK
UKHW061659190726
13853UKWH00008B/2306

* 9 7 8 3 6 6 3 0 6 5 2 5 8 *